1 サンドイッチプレートの使い方

難易度別の問題で上達スピードアップ！

⇨ p26〜33

サンドイッチプレートの使い方

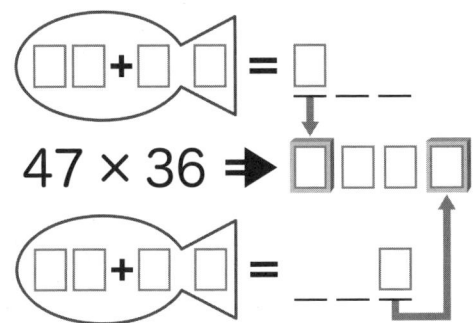

これが「サンドイッチプレート」です。
右には数字を書く□があって、
左右両はしの□はパンみたいになっています。
答えを千の位と一の位の「パン」ではさむから
「サンドイッチプレート」です。
「サンドイッチプレート」では、2ケタ×2ケタ の千の位の数字と一の位の数字を出します。

では、ためしに問題をやってみましょう。

47 × 36

まず、47とかける数の十の位 3 の
かけ算をします。このとき使うのは
上のおさかなプレートで、
答えは 141 です。
この 141 の百の位の 1 を左のパンに
書き入れます。

次は、141 の下の 2 ケタ 41 を
下のおさかなプレートの胴体部分の
左側に書き入れます。
そして、それぞれの一の位の数の
かけ算をします。
7 × 6 = 42 *
この 4 を胴体部分の右側に、
2 をしっぽに書き入れます。
すると、下のおさかなプレートの
答えは 452 になります。

最後に、452 の一の位の 2 を右側のパンに
書き入れます。

*かけ算の答えが 1 ケタのときは、2 つの
　□のうち、右の□に書きましょう。

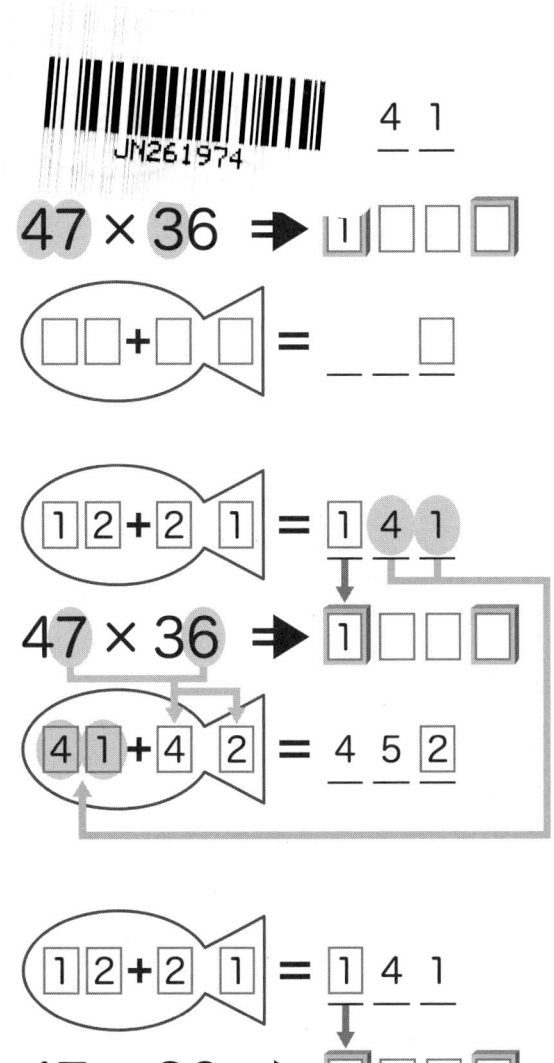

1

① サンドイッチプレート

やさしい問題
⇨ p34〜37

① 15 × 42

② 88 × 51

③ 82 × 78

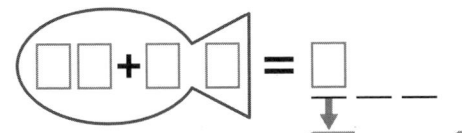

④ 94 × 82

⑤ 21 × 22

⑥ 51 × 94

⑦ 87 × 95

⑧ 21 × 33

1 サンドイッチプレート

むずかしい問題
⇒ p34〜37

❶ 47 × 91

❷ 75 × 45

❸ 54 × 26

❹ 69 × 13

❺ 17 × 87

❻ 67 × 89

❼ 68 × 39

❽ 79 × 45

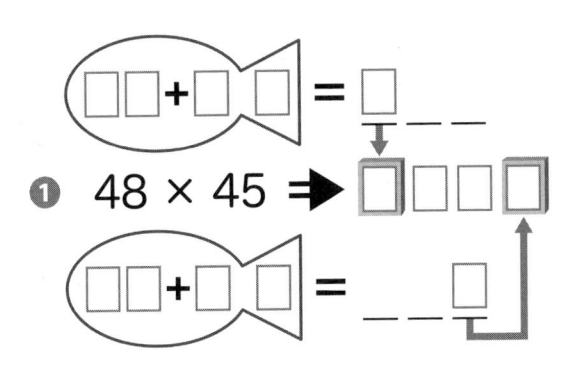

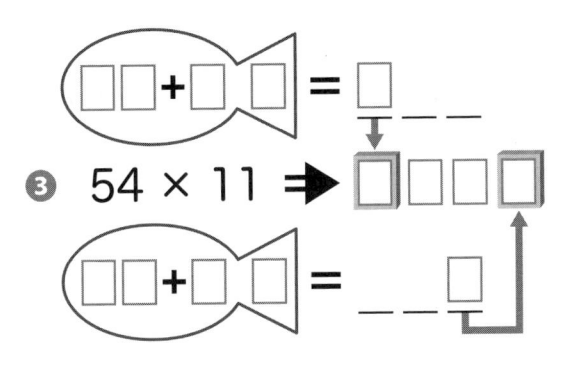

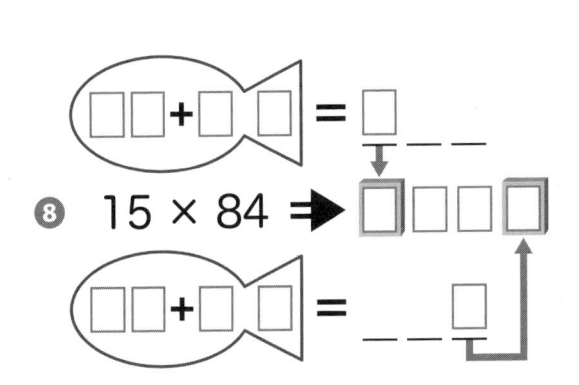

1 サンドイッチプレート

混合問題
⇒ p34〜37

❶ 48 × 45

❷ 78 × 29

❸ 54 × 11

❹ 68 × 91

❺ 81 × 64

❻ 57 × 47

❼ 62 × 59

❽ 15 × 84

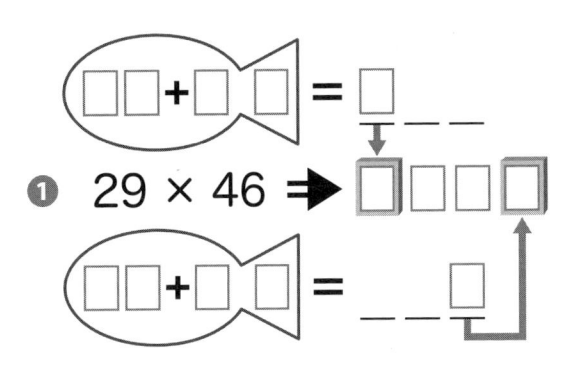

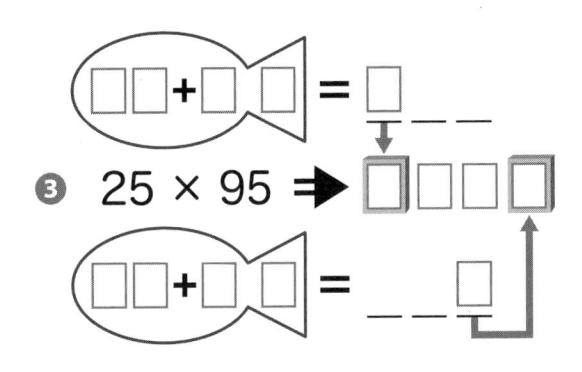

1 サンドイッチプレート

混合問題
⇨ p34〜37

❶ 29 × 46
❷ 75 × 65
❸ 25 × 95
❹ 18 × 42
❺ 55 × 38
❻ 38 × 88
❼ 41 × 24
❽ 77 × 86

1 サンドイッチプレート

おさかなプレートには書かないよ！

やさしい問題
⇒ p38〜39

① 52 × 61

② 56 × 51

③ 32 × 77

④ 76 × 59

⑤ 61 × 27

⑥ 23 × 46

⑦ 86 × 54

⑧ 18 × 33

1 サンドイッチプレート

むずかしい問題
⇒ p38〜39

❶ 67 × 32

❷ 89 × 82

❸ 94 × 76

❹ 59 × 59

❺ 77 × 86

❻ 17 × 72

❼ 68 × 63

❽ 77 × 76

1 サンドイッチプレート

混合問題
⇒ p38〜39

❶ 17 × 75

❷ 81 × 49

❸ 67 × 67

❹ 38 × 42

❺ 63 × 85

❻ 61 × 54

❼ 33 × 36

❽ 81 × 19

1 サンドイッチプレート

混合問題
⇨ p38〜39

❶ 74 × 32

❷ 69 × 71

❸ 73 × 78

❹ 65 × 24

❺ 78 × 25

❻ 54 × 92

❼ 49 × 15

❽ 11 × 14

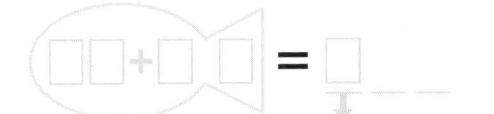

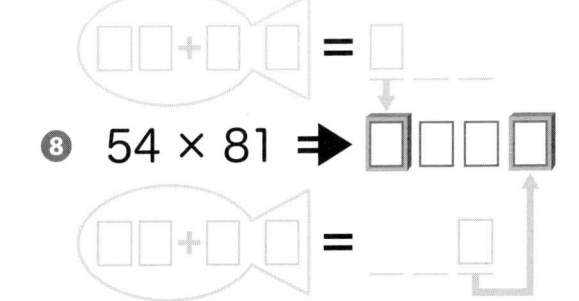

① サンドイッチプレート 左右のパンだけだよ！ やさしい問題 ⇒p40〜41

❶ 72 × 65

❷ 51 × 24

❸ 53 × 98

❹ 24 × 57

❺ 66 × 72

❻ 12 × 81

❼ 53 × 32

❽ 54 × 81

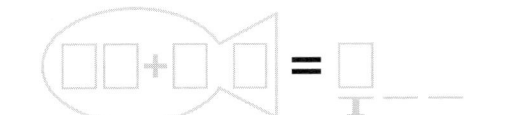

1 サンドイッチプレート

むずかしい問題
⇒ p40〜41

❶ 28 × 41
❷ 28 × 82
❸ 98 × 14
❹ 24 × 25
❺ 18 × 64
❻ 88 × 76
❼ 78 × 78
❽ 69 × 37

1 サンドイッチプレート

混合問題
⇒ p40〜41

❶ 74 × 81

❷ 89 × 78

❸ 41 × 33

❹ 39 × 35

❺ 51 × 35

❻ 35 × 74

❼ 34 × 64

❽ 67 × 37

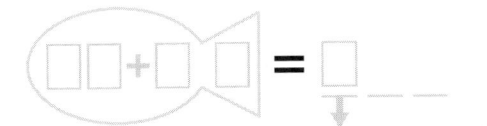

1 サンドイッチプレート

混合問題
⇒ p40〜41

① 51 × 37
② 57 × 92
③ 15 × 73
④ 59 × 52
⑤ 38 × 67
⑥ 85 × 27
⑦ 22 × 61
⑧ 39 × 92

1 サンドイッチプレート

上のおさかなプレートがなくなったよ！

⑤〜⑧ むずかしい問題 ⇨ p42

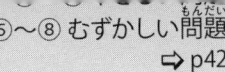

❶ 85 × 25 ➡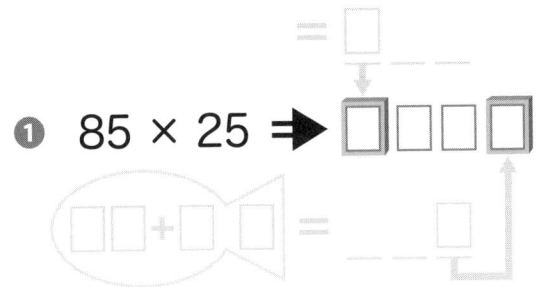

❺ 18 × 71 ➡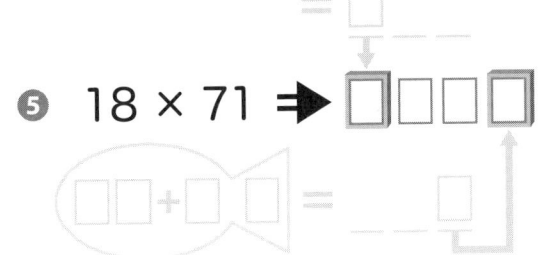

❷ 57 × 52 ➡

❻ 49 × 35 ➡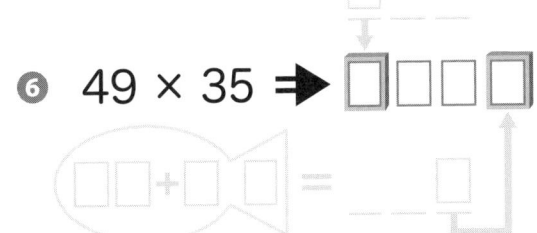

❸ 74 × 59 ➡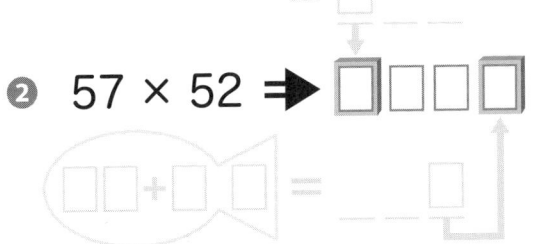

❼ 66 × 84 ➡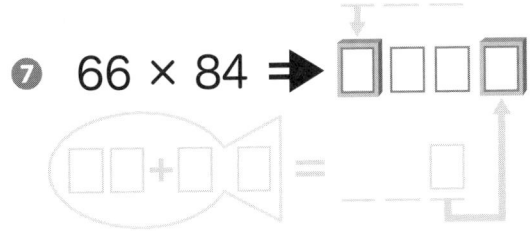

❹ 61 × 17 ➡

❽ 36 × 38 ➡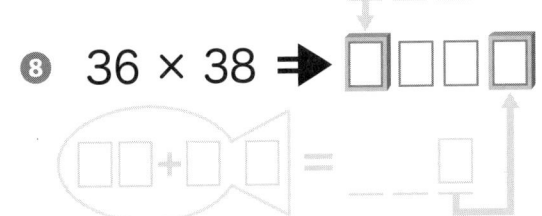

14

① サンドイッチプレート

混合問題
⇨ p42

❶ 95 × 27 ➡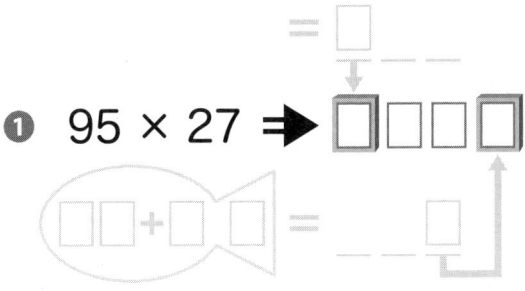

❺ 36 × 69 ➡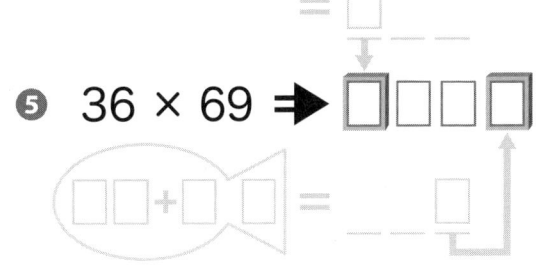

❷ 26 × 86 ➡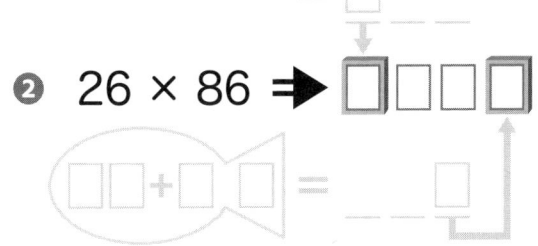

❻ 27 × 43 ➡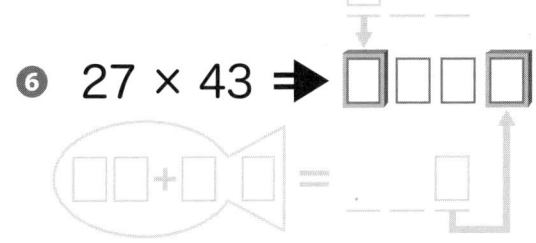

❸ 33 × 82 ➡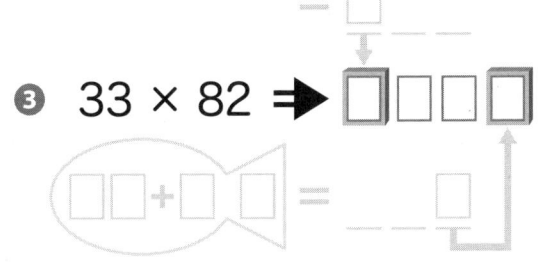

❼ 54 × 52 ➡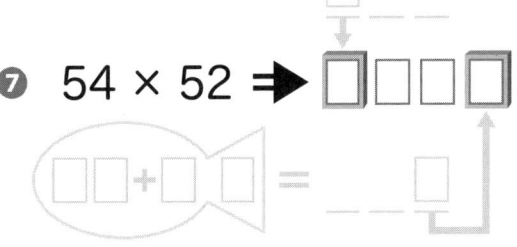

❹ 79 × 43 ➡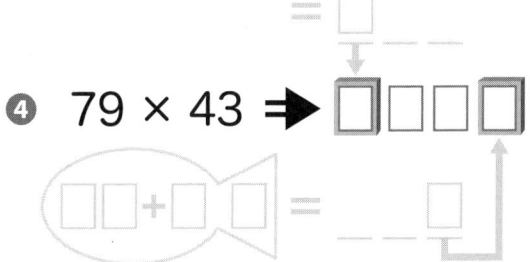

❽ 43 × 44 ➡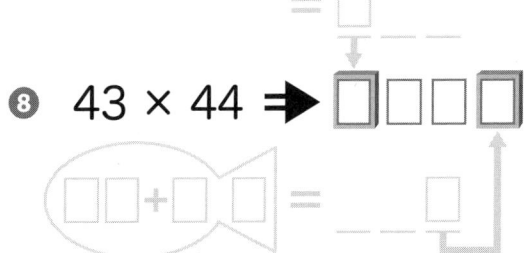

① サンドイッチプレート

⑤〜⑧ むずかしい問題
⇒ p43

❶ 23 × 72 ➡ □□□□

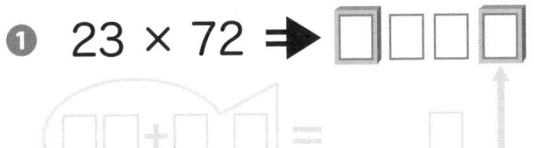

❺ 27 × 95 ➡ □□□□

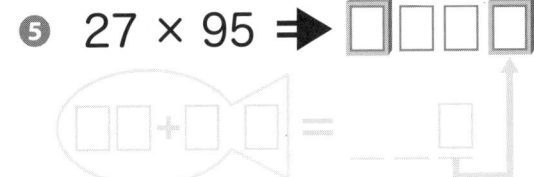

❷ 32 × 52 ➡ □□□□

❻ 29 × 56 ➡ □□□□

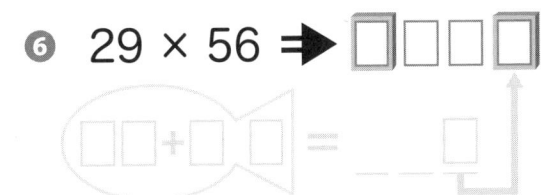

❸ 34 × 57 ➡ □□□□

❼ 66 × 85 ➡ □□□□

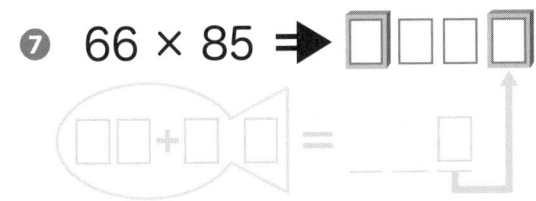

❹ 69 × 52 ➡ □□□□

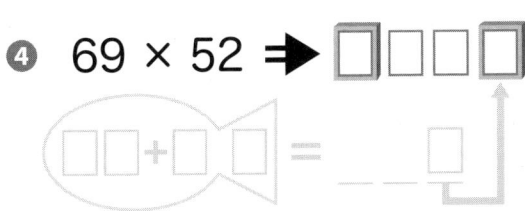

❽ 27 × 86 ➡ □□□□

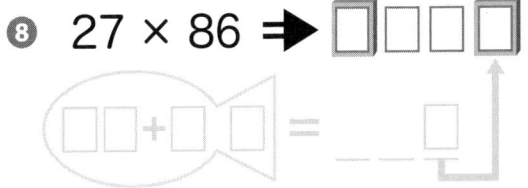

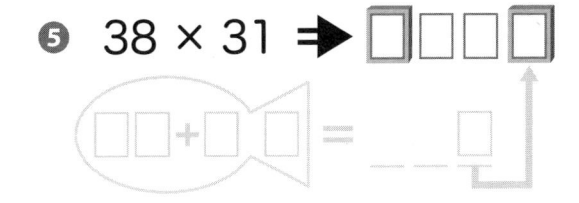

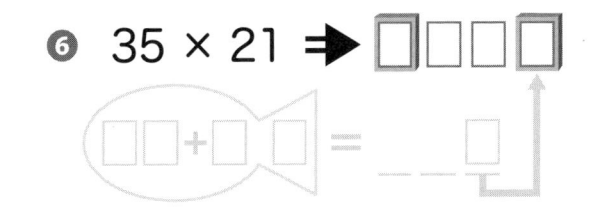

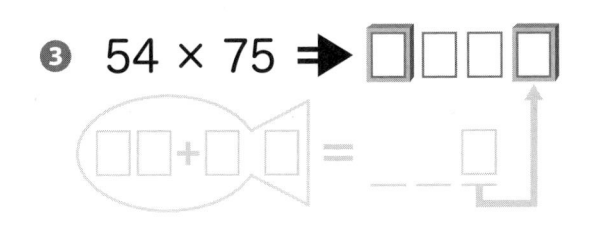

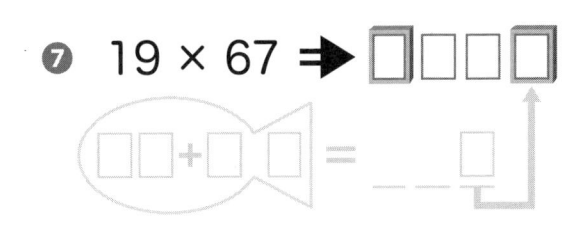

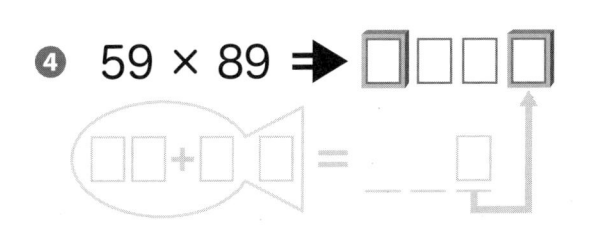

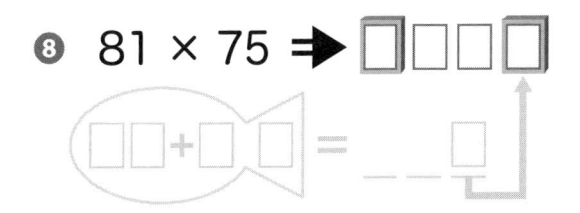

1 サンドイッチプレート

混合問題
⇨ p43

❶ 76 × 51 ➡ ☐☐☐

❷ 41 × 13 ➡ ☐☐☐

❸ 54 × 75 ➡ ☐☐☐

❹ 59 × 89 ➡ ☐☐☐

❺ 38 × 31 ➡ ☐☐☐

❻ 35 × 21 ➡ ☐☐☐

❼ 19 × 67 ➡ ☐☐☐

❽ 81 × 75 ➡ ☐☐☐

1 サンドイッチプレート

⑤〜⑧ むずかしい問題 ⇨ p44

❶ 51 × 27 ➡ □□□□

❷ 24 × 12 ➡ □□□□

❸ 65 × 55 ➡ □□□□

❹ 66 × 25 ➡ □□□□

❺ 28 × 42 ➡ □□□□

❻ 53 × 39 ➡ □□□□

❼ 29 × 48 ➡ □□□□

❽ 28 × 89 ➡ □□□□

1 サンドイッチプレート

混合問題
⇒ p44

❶ 21 × 51 ➡ □□□□
　　　　= __ __ □

❷ 87 × 55 ➡ □□□□
　　　　= __ __ □

❸ 91 × 79 ➡ □□□□
　　　　= __ __ □

❹ 26 × 41 ➡ □□□□
　　　　= __ __ □

❺ 37 × 34 ➡ □□□□
　　　　= __ __ □

❻ 65 × 15 ➡ □□□□
　　　　= __ __ □

❼ 76 × 35 ➡ □□□□
　　　　= __ __ □

❽ 83 × 54 ➡ □□□□
　　　　= __ __ □

1 サンドイッチプレート

⑤〜⑧ むずかしい問題
⇨ p45

① 62 × 24 ➡ □□□□

⑤ 35 × 68 ➡ □□□□

② 24 × 56 ➡ □□□□

⑥ 29 × 57 ➡ □□□□

③ 27 × 51 ➡ □□□□

⑦ 27 × 45 ➡ □□□□

④ 56 × 57 ➡ □□□□

⑧ 39 × 34 ➡ □□□□

1 サンドイッチプレート

混合問題
⇨ p45

❶ 57 × 36 ➡ □□□□

❷ 53 × 71 ➡ □□□□

❸ 79 × 14 ➡ □□□□

❹ 43 × 28 ➡ □□□□

❺ 34 × 67 ➡ □□□□

❻ 39 × 79 ➡ □□□□

❼ 41 × 46 ➡ □□□□

❽ 29 × 78 ➡ □□□□

2 スペースシャトルプレートの使い方

難易度別の問題で上達スピードアップ！

⇒ p46～51

スペースシャトルプレートの使い方

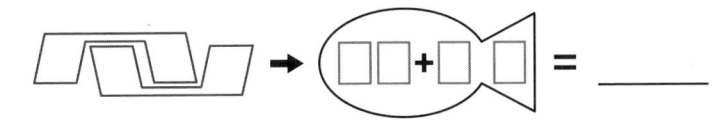

6 × 6 + 7 × 8

これが「スペースシャトルプレート」です。問題の下に電話の受話器みたいな形のものが、上下でたがいちがいに重なっています。

スペースシャトルのような形なので「スペースシャトルプレート」です。
そして、右にはおさかなプレートもあります。
「スペースシャトルプレート」は、1ケタ×1ケタ＋1ケタ×1ケタの答えを導くためのものです。

まず、問題をやってみましょう。
6 × 6 + 7 × 8
まず、左のかけ算 6 × 6 の答え 36 を
スペースシャトルプレートの
左に書き入れます。

6 × 6 + 7 × 8
= 36

次に、右のかけ算 7 × 8 の答え 56 を
右に書き入れます。
これで、スペースシャトルプレートの
全部に数字が乗りました。

6 × 6 + 7 × 8
= 56

そうしたら、同じスペースシャトルに
乗った数字をたし算します。
まず、上のシャトルは 3 + 5 = 8 で、
この 8 を 08 と考えて、
おさかなプレートの胴体の左に
書き入れます。

6 × 6 + 7 × 8

= 92

次に下のシャトルの 6 + 6 = 12 をおさかなプレートの胴体の右はしとしっぽに書き入れます。
だから、6 × 6 + 7 × 8 の答えは 92 です。

＊かけ算の答えが1ケタのときは、2つの □ のうち、右の □ に書きましょう。

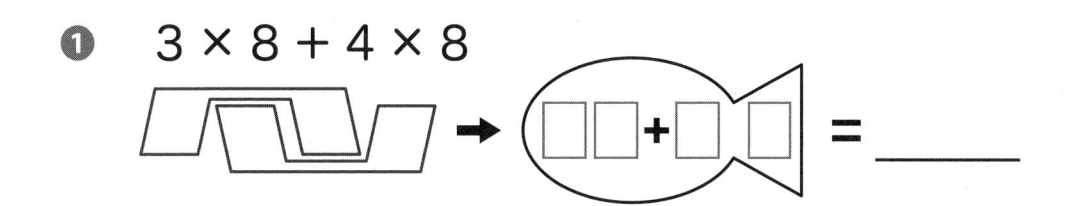

2 スペースシャトルプレート

❶ 3 × 8 + 4 × 8 → □□ + □□ = ___

❷ 6 × 5 + 2 × 8 → □□ + □□ = ___

❸ 7 × 5 + 6 × 5 → □□ + □□ = ___

❹ 9 × 9 + 9 × 7 → □□ + □□ = ___

❺ 7 × 9 + 7 × 8 → □□ + □□ = ___

❻ 8 × 7 + 9 × 8 → □□ + □□ = ___

2 スペースシャトルプレート

むずかしい問題
⇨ p52〜53、56〜57

① 9 × 3 + 8 × 1 → (□□ + □□) = ___

② 6 × 2 + 7 × 4 → (□□ + □□) = ___

③ 9 × 2 + 6 × 7 → (□□ + □□) = ___

④ 9 × 8 + 8 × 6 → (□□ + □□) = ___

⑤ 8 × 6 + 9 × 7 → (□□ + □□) = ___

⑥ 8 × 9 + 7 × 7 → (□□ + □□) = ___

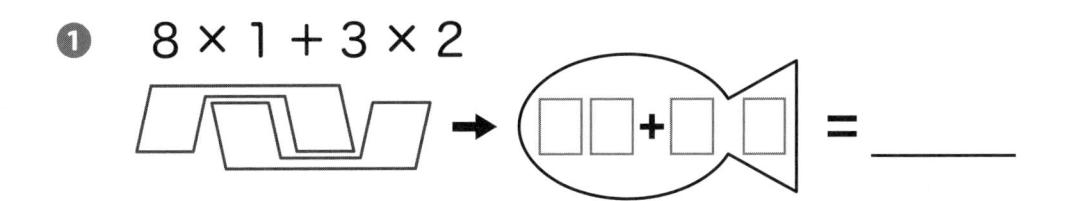

② スペースシャトルプレート

混合問題
⇨ p52〜53、56〜57

❶ 8 × 1 + 3 × 2

❷ 9 × 9 + 3 × 7

❸ 7 × 7 + 9 × 5

❹ 6 × 4 + 4 × 3

❺ 7 × 3 + 2 × 4

❻ 7 × 7 + 9 × 9

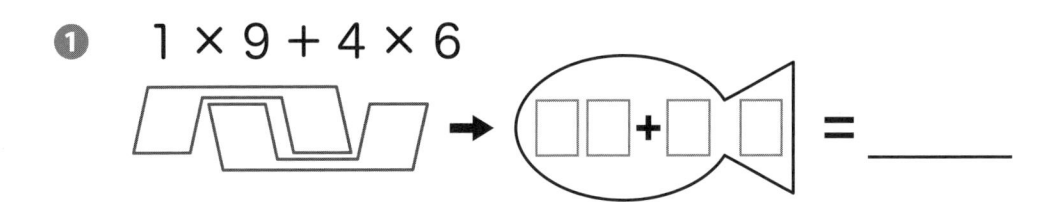

2 スペースシャトルプレート

混合問題
⇒ p52〜53、56〜57

❶ 1 × 9 + 4 × 6 → □□ + □□ = ____

❷ 7 × 8 + 7 × 9 → □□ + □□ = ____

❸ 9 × 9 + 7 × 7 → □□ + □□ = ____

❹ 6 × 4 + 5 × 8 → □□ + □□ = ____

❺ 9 × 5 + 3 × 2 → □□ + □□ = ____

❻ 9 × 5 + 2 × 9 → □□ + □□ = ____

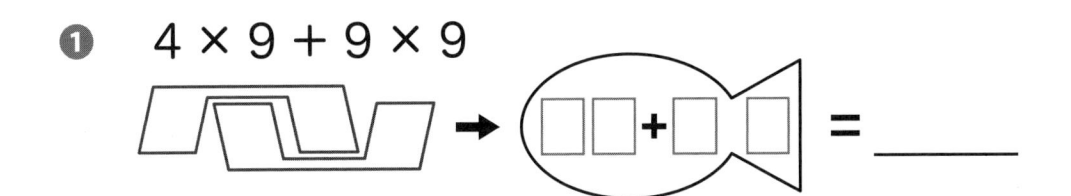

2 スペースシャトルプレート

混合問題
⇨ p52〜53、56〜57

① 4 × 9 + 9 × 9 → (□□ + □□) = ___

② 7 × 1 + 2 × 1 → (□□ + □□) = ___

③ 8 × 7 + 9 × 6 → (□□ + □□) = ___

④ 9 × 9 + 9 × 4 → (□□ + □□) = ___

⑤ 8 × 8 + 7 × 8 → (□□ + □□) = ___

⑥ 8 × 7 + 8 × 7 → (□□ + □□) = ___

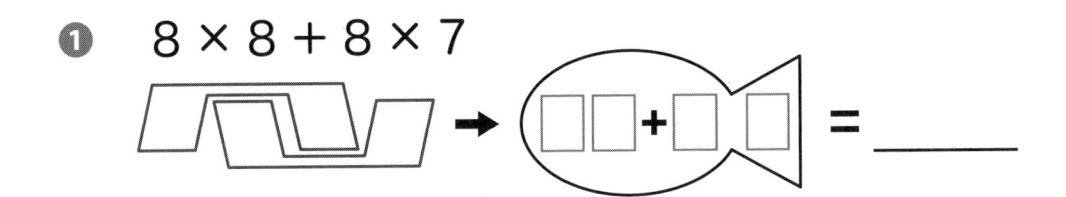

2 スペースシャトルプレート

混合問題
⇨ p52〜53、56〜57

❶ 8 × 8 + 8 × 7

❷ 2 × 5 + 9 × 7

❸ 5 × 5 + 4 × 2

❹ 7 × 9 + 8 × 8

❺ 5 × 9 + 9 × 7

❻ 3 × 8 + 1 × 2

ゴーストお絵かきゲーム

⇨ p54〜55

下の絵を1分間よく見て、できるかぎり正確に覚えましょう。1分後、- - - - -の谷折り線にそって折り、絵をかくしましょう。どんな絵だったか、思いうかべながら20数えましょう。数え終わったら、下の絵はかくしたまま、上の☐の中にかいてみましょう。
正確にかければかけるほど、暗算力がアップします。

谷折り　　　　　　　　　　　　　　　　　　　　　　　　　　谷折り

ゴーストお絵かきゲーム

⇨ p54〜55

下の絵を1分間よく見て、できるかぎり正確に覚えましょう。1分後、-----の谷折り線にそって折り、絵をかくしましょう。どんな絵だったか、思いうかべながら20数えましょう。数え終わったら、下の絵はかくしたまま、上の□の中にかいてみましょう。
正確にかければかけるほど、暗算力がアップします。

谷折り　　　谷折り

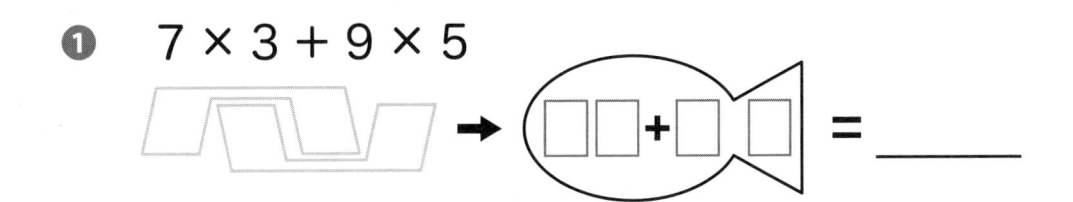

2 スペースシャトルプレート

には書かないよ！

やさしい問題
⇨ p58〜61

① 7 × 3 + 9 × 5 → □□ + □□ = ____

② 7 × 2 + 7 × 3 → □□ + □□ = ____

③ 2 × 1 + 6 × 4 → □□ + □□ = ____

④ 9 × 6 + 9 × 7 → □□ + □□ = ____

⑤ 8 × 9 + 6 × 9 → □□ + □□ = ____

⑥ 9 × 5 + 9 × 7 → □□ + □□ = ____

2 スペースシャトルプレート

むずかしい問題
⇒ p58〜61

① 5 × 3 + 8 × 7 → (□□ + □□) = ___

② 1 × 9 + 9 × 4 → (□□ + □□) = ___

③ 3 × 7 + 1 × 9 → (□□ + □□) = ___

④ 8 × 6 + 8 × 8 → (□□ + □□) = ___

⑤ 6 × 8 + 9 × 7 → (□□ + □□) = ___

⑥ 7 × 8 + 9 × 6 → (□□ + □□) = ___

2 スペースシャトルプレート

混合問題
⇨ p58〜61

❶ 9 × 9 + 8 × 7 → □□ + □□ = ____

❷ 9 × 3 + 3 × 3 → □□ + □□ = ____

❸ 4 × 9 + 8 × 9 → □□ + □□ = ____

❹ 6 × 1 + 4 × 8 → □□ + □□ = ____

❺ 4 × 5 + 5 × 2 → □□ + □□ = ____

❻ 6 × 9 + 8 × 7 → □□ + □□ = ____

2 スペースシャトルプレート

混合問題
⇒ p58〜61

❶ 9 × 8 + 5 × 9 → (□□ + □□) = ___

❷ 4 × 3 + 1 × 8 → (□□ + □□) = ___

❸ 9 × 6 + 7 × 8 → (□□ + □□) = ___

❹ 2 × 2 + 7 × 5 → (□□ + □□) = ___

❺ 8 × 8 + 8 × 8 → (□□ + □□) = ___

❻ 9 × 9 + 4 × 7 → (□□ + □□) = ___

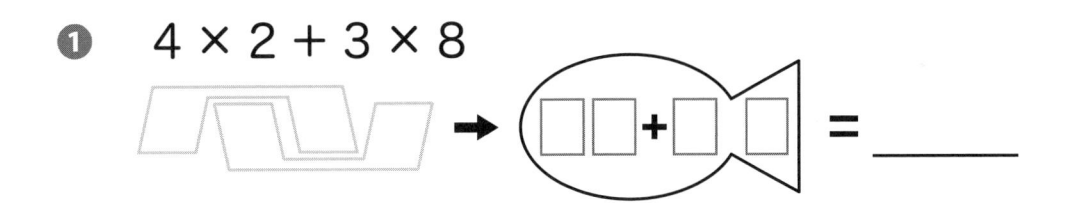

2 スペースシャトルプレート

混合問題
⇒ p58〜61

❶ 4 × 2 + 3 × 8 → ☐☐ + ☐☐ = ____

❷ 5 × 4 + 3 × 5 → ☐☐ + ☐☐ = ____

❸ 6 × 9 + 7 × 8 → ☐☐ + ☐☐ = ____

❹ 1 × 4 + 3 × 3 → ☐☐ + ☐☐ = ____

❺ 7 × 7 + 7 × 9 → ☐☐ + ☐☐ = ____

❻ 8 × 7 + 7 × 8 → ☐☐ + ☐☐ = ____

2 スペースシャトルプレート

混合問題
⇨ p58〜61

❶ 9 × 8 + 6 × 8 → (□□ + □□) = ___

❷ 8 × 9 + 6 × 1 → (□□ + □) = ___

❸ 8 × 9 + 6 × 6 → (□□ + □□) = ___

❹ 5 × 5 + 6 × 8 → (□□ + □□) = ___

❺ 9 × 8 + 7 × 4 → (□□ + □□) = ___

❻ 2 × 6 + 8 × 9 → (□□ + □□) = ___

36

2 スペースシャトルプレート

おとなのプレートにも書かないよ！　④〜⑥ むずかしい問題　⇨ p62〜63

❶ 8 × 2 + 1 × 2　→　□□ + □□ = ＿＿＿

❷ 3 × 7 + 8 × 8　→　□□ + □□ = ＿＿＿

❸ 9 × 8 + 8 × 7　→　□□ + □□ = ＿＿＿

❹ 5 × 5 + 8 × 6　→　□□ + □□ = ＿＿＿

❺ 9 × 6 + 8 × 7　→　□□ + □□ = ＿＿＿

❻ 7 × 9 + 7 × 7　→　□□ + □□ = ＿＿＿

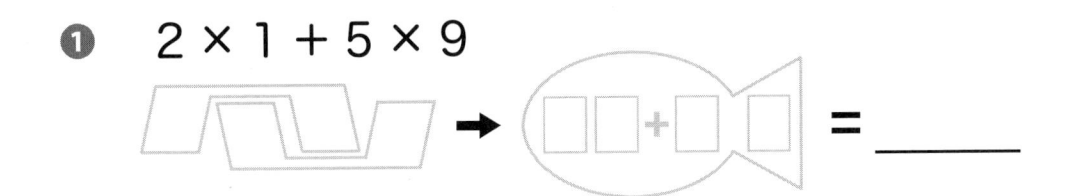

2 スペースシャトルプレート

混合問題
⇨ p62〜63

❶ 2 × 1 + 5 × 9

❷ 7 × 7 + 9 × 7

❸ 9 × 2 + 4 × 8

❹ 9 × 9 + 9 × 5

❺ 1 × 3 + 5 × 8

❻ 1 × 8 + 4 × 7

2 スペースシャトルプレート

混合問題
⇨ p62〜63

① $6 \times 8 + 8 \times 8$ → ☐☐ + ☐☐ = ____

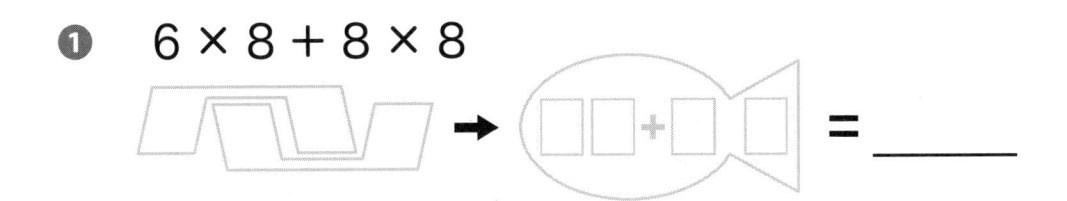

② $5 \times 7 + 9 \times 8$ → ☐☐ + ☐☐ = ____

③ $6 \times 4 + 9 \times 3$ → ☐☐ + ☐☐ = ____

④ $9 \times 9 + 7 \times 9$ → ☐☐ + ☐☐ = ____

⑤ $8 \times 6 + 2 \times 5$ → ☐☐ + ☐☐ = ____

⑥ $9 \times 7 + 7 \times 7$ → ☐☐ + ☐☐ = ____

2 スペースシャトルプレート がなくなったよ！

やさしい問題
⇒ p64〜67

❶ 4 × 8 + 7 × 9 → □□ + □□ = ____

❷ 6 × 6 + 1 × 1 → □□ + □ = ____

❸ 8 × 9 + 1 × 1 → □□ + □ = ____

❹ 9 × 6 + 6 × 9 → □□ + □□ = ____

❺ 9 × 9 + 8 × 8 → □□ + □□ = ____

❻ 9 × 8 + 6 × 7 → □□ + □□ = ____

2 スペースシャトルプレート

むずかしい問題
⇨ p64〜67

❶ 4 × 2 + 9 × 3 → □□ + □□ = ____

❷ 8 × 7 + 4 × 4 → □□ + □□ = ____

❸ 9 × 5 + 2 × 4 → □□ + □□ = ____

❹ 8 × 9 + 6 × 8 → □□ + □□ = ____

❺ 9 × 7 + 6 × 8 → □□ + □□ = ____

❻ 8 × 6 + 7 × 9 → □□ + □□ = ____

2 スペースシャトルプレート

混合問題
⇒ p64〜67

① 9 × 8 + 7 × 5 → ☐☐ + ☐☐ = _____

② 8 × 8 + 6 × 8 → ☐☐ + ☐☐ = _____

③ 9 × 7 + 8 × 6 → ☐☐ + ☐☐ = _____

④ 9 × 9 + 6 × 7 → ☐☐ + ☐☐ = _____

⑤ 4 × 9 + 9 × 8 → ☐☐ + ☐☐ = _____

⑥ 9 × 8 + 5 × 6 → ☐☐ + ☐☐ = _____

❷ スペースシャトルプレート

混合問題
⇨ p64〜67

❶ 5 × 5 + 7 × 3 → □□ + □□ = ____

❷ 9 × 4 + 7 × 7 → □□ + □□ = ____

❸ 6 × 7 + 2 × 6 → □□ + □□ = ____

❹ 8 × 8 + 7 × 7 → □□ + □□ = ____

❺ 5 × 9 + 8 × 8 → □□ + □□ = ____

❻ 9 × 8 + 9 × 5 → □□ + □□ = ____

2 スペースシャトルプレート

混合問題
⇒ p64～67

① 7 × 8 + 8 × 4 → □□ + □□ = _____

② 7 × 7 + 9 × 8 → □□ + □□ = _____

③ 1 × 4 + 6 × 1 → □□ + □□ = _____

④ 7 × 7 + 8 × 8 → □□ + □□ = _____

⑤ 7 × 7 + 2 × 5 → □□ + □□ = _____

⑥ 9 × 2 + 2 × 4 → □□ + □□ = _____

2 スペースシャトルプレート

① 2 × 5 + 2 × 4 → ☐☐ + ☐☐ = ____

② 2 × 8 + 7 × 7 → ☐☐ + ☐☐ = ____

③ 7 × 8 + 8 × 8 → ☐☐ + ☐☐ = ____

④ 4 × 7 + 1 × 1 → ☐☐ + ☐☐ = ____

⑤ 8 × 6 + 5 × 9 → ☐☐ + ☐☐ = ____

⑥ 7 × 8 + 1 × 6 → ☐☐ + ☐☐ = ____

2 スペースシャトルプレート

チャレンジ！ ④〜⑥ むずかしい問題
⇨ p68〜69

① 3 × 5 + 3 × 4

= ____

② 5 × 8 + 8 × 9

= ____

③ 7 × 9 + 5 × 8

= ____

④ 9 × 2 + 3 × 6

= ____

⑤ 2 × 9 + 7 × 6

= ____

⑥ 6 × 8 + 9 × 8

= ____

2 スペースシャトルプレート

混合問題
⇒ p68〜69

① 7 × 7 + 8 × 9

= _____

② 1 × 2 + 9 × 2

= _____

③ 5 × 1 + 3 × 8

= _____

④ 4 × 1 + 7 × 8

= _____

⑤ 8 × 9 + 4 × 8

= _____

⑥ 9 × 9 + 3 × 8

= _____

47

2 スペースシャトルプレート

混合問題
⇨ p68〜69

❶ 9 × 8 + 7 × 7

= _____

❷ 7 × 9 + 9 × 9

= _____

❸ 8 × 8 + 8 × 6

= _____

❹ 1 × 5 + 1 × 2

= _____

❺ 1 × 9 + 2 × 9

= _____

❻ 4 × 3 + 5 × 6

= _____

3 ファイナル
難易度別の問題で上達スピードアップ！

⇨ p70〜77

いよいよ最終段階！

最終段階では、おさかなプレート、サンドイッチプレート、スペースシャトルプレートの全部を組み合わせます。
では、76 × 68 の２ケタ×２ケタのかけ算をやってみましょう。

1
まず、かけられる数 76 と、
かける数の十の位の 6 のかけ算をします。
おさかなプレートを使うと、456 です。
そして、答えの千の位の 4 を左のパンに
書き入れます。

2
次に、最初の計算の答えの下の２ケタ 56 を
下のおさかなプレートの胴体に書き、さらに
問題の１の位の数のかけ算 6 × 8 をします。
下のおさかなプレートは 608 になります。
これで、答えの一の位が 8 だとわかります。

3
今度は、2のおさかなプレートの答えの上の
２ケタ 60 をスペースシャトルプレートの
左に書き入れます。
そして、76 × 68 のはしっこの数字の
7 × 8 のかけ算の答えを右に書き入れます。
すると、スペースシャトルプレートの答えは、
116 になります。

4
このスペースシャトルプレートの答え
116 を、サンドイッチプレートの
まんなかの２ケタに入れますが、
□ は２つしかありません。
こんな場合は、１つ上の位にくり上げます。
これでゴースト暗算は完成で、
76 × 68 の答えは、5168 です。
スペースシャトルプレートの答えが２ケタの
ときは、そのままサンドイッチプレートの
まんなかに入れるだけです。

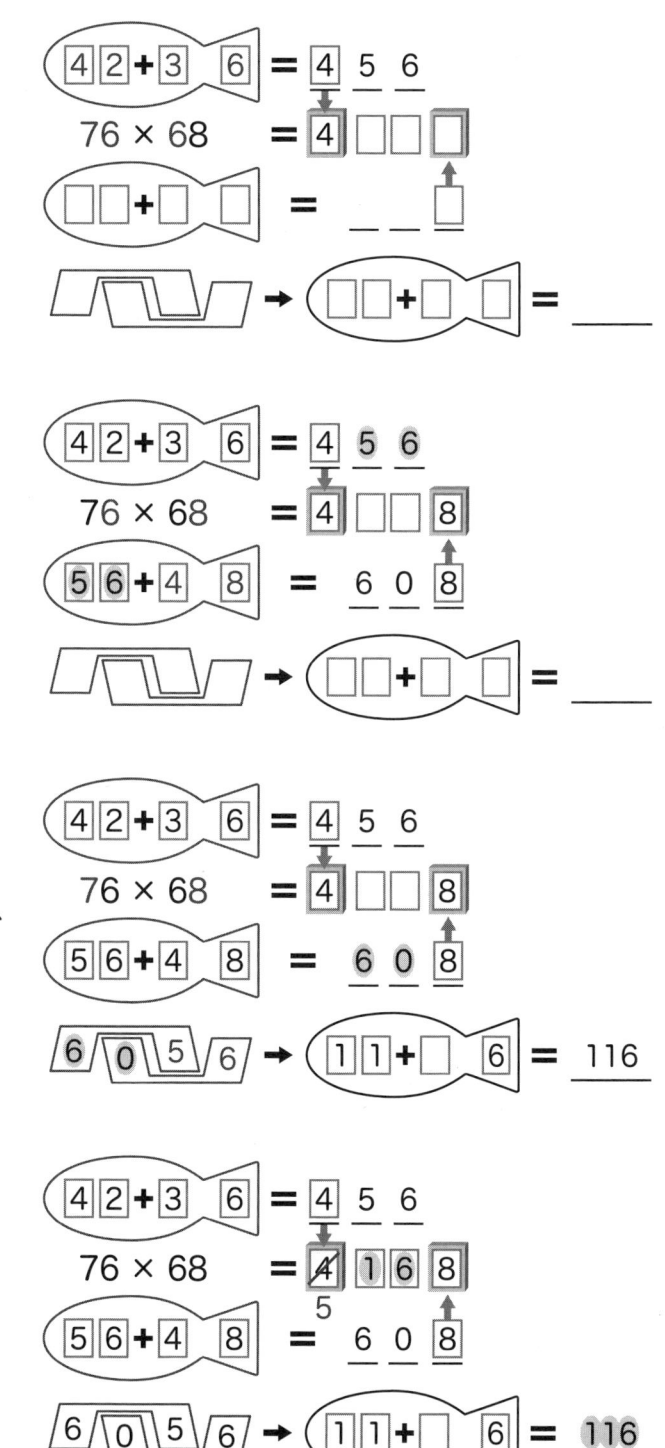

3 ファイナル 練習問題をやってみよう！

やさしい問題
⇒ p78〜81

① 43 × 28

② 58 × 43

③ 26 × 41

④ 37 × 34

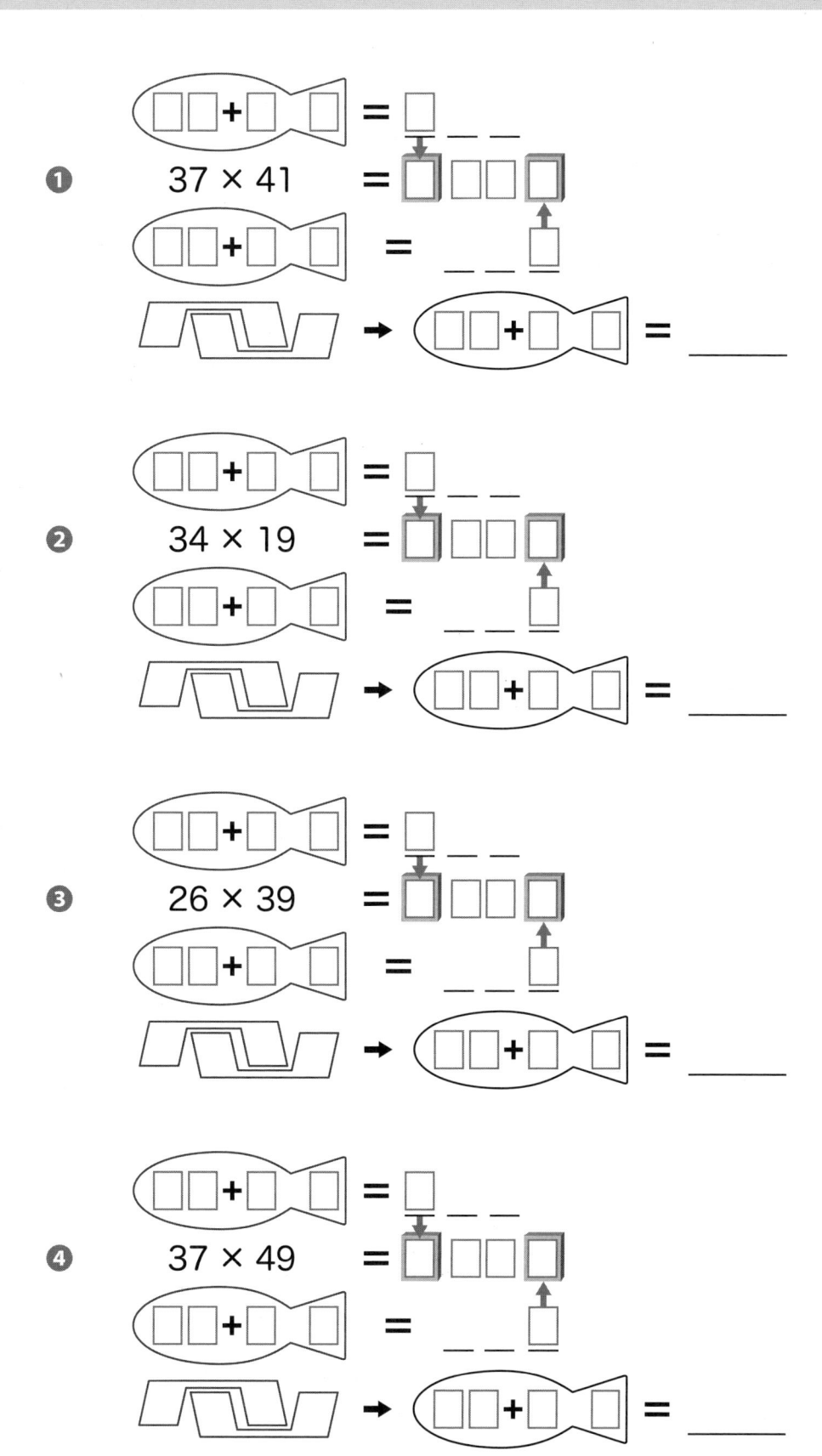

3 ファイナル

むずかしい問題
⇨ p78〜81

❶ 37 × 41

❷ 34 × 19

❸ 26 × 39

❹ 37 × 49

3 ファイナル

混合問題
⇒ p78〜81

① 75 × 21

② 93 × 62

③ 38 × 97

④ 59 × 74

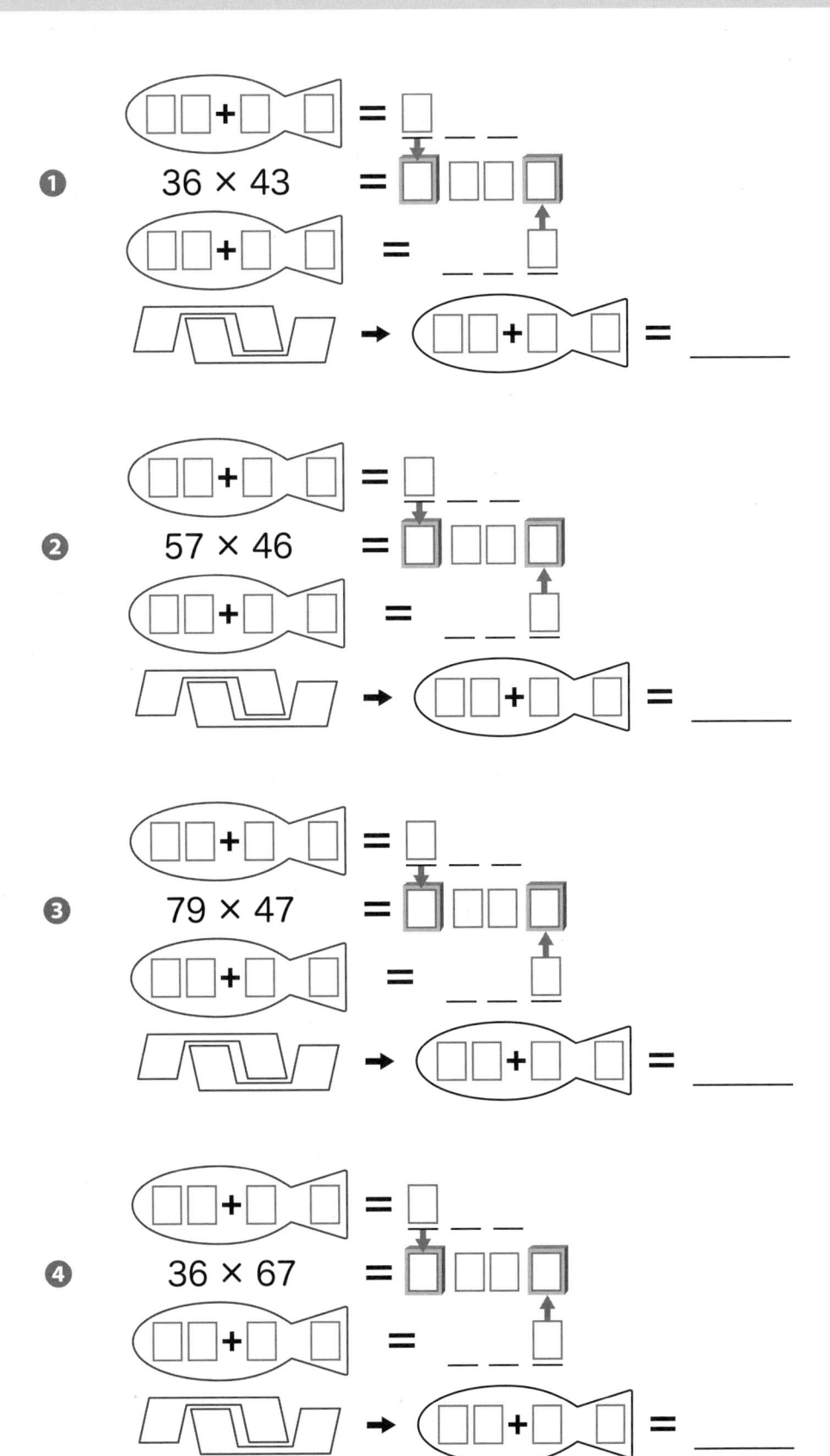

③ ファイナル

混合問題
⇨ p78〜81

① 36 × 43

② 57 × 46

③ 79 × 47

④ 36 × 67

③ ファイナル おさかなプレートには書かないよ！ ③、④ むずかしい問題
⇨ p82〜83

❶ 85 × 22

❷ 19 × 94

❸ 33 × 58

❹ 27 × 78

3 ファイナル

混合問題
⇒ p82〜83

❶ 54 × 72

❷ 39 × 36

❸ 48 × 79

❹ 93 × 56

3 ファイナル　なにも書かない部分が増えたよ！

③、④ むずかしい問題
⇨ p84〜85

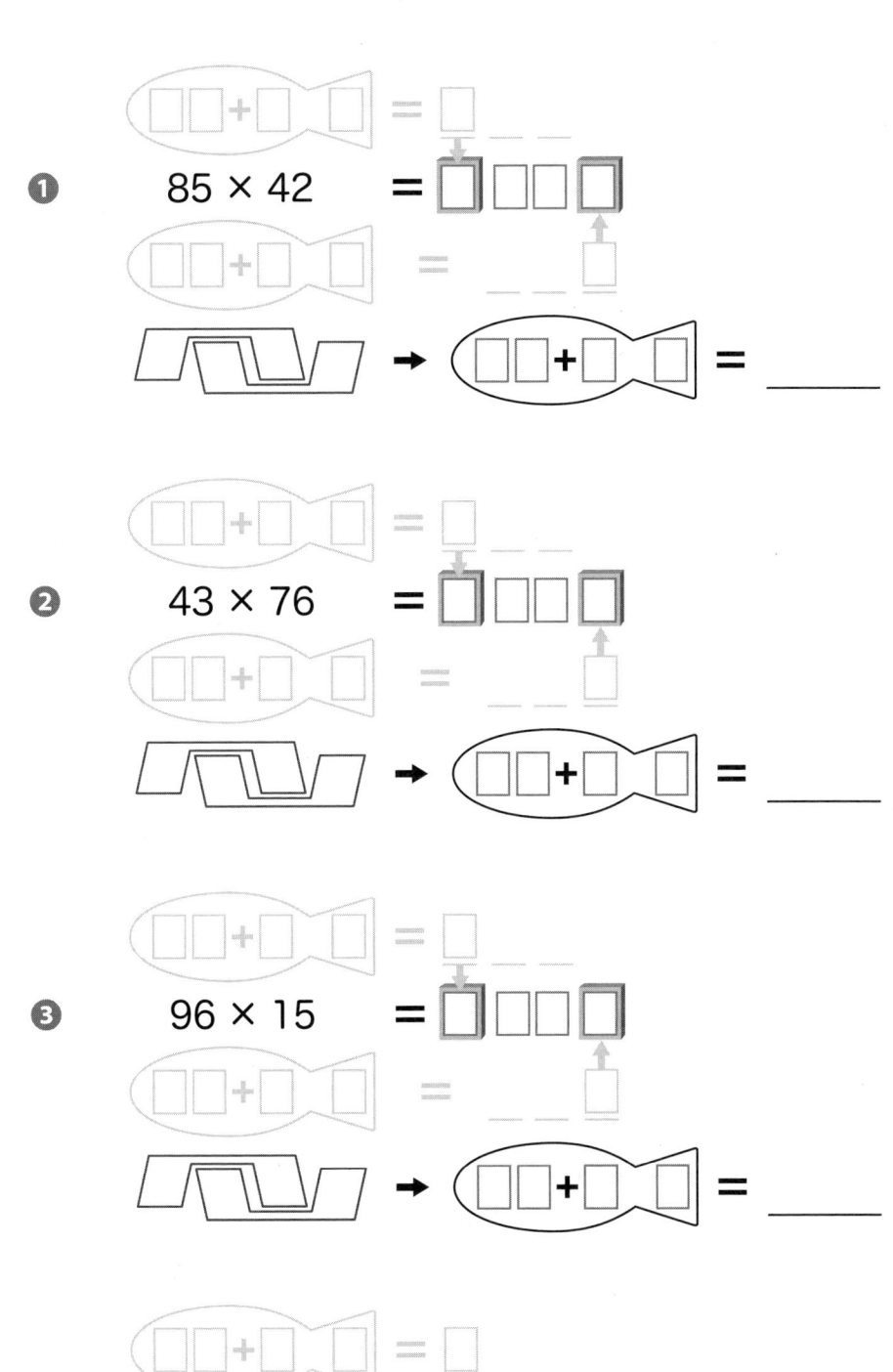

① 85 × 42

② 43 × 76

③ 96 × 15

④ 29 × 69

3 ファイナル

混合問題
⇒ p84〜85

① 37 × 64

② 89 × 27

③ 15 × 68

④ 37 × 64

③ ファイナル 書かないよ！

③、④ むずかしい問題
⇒ p86〜87

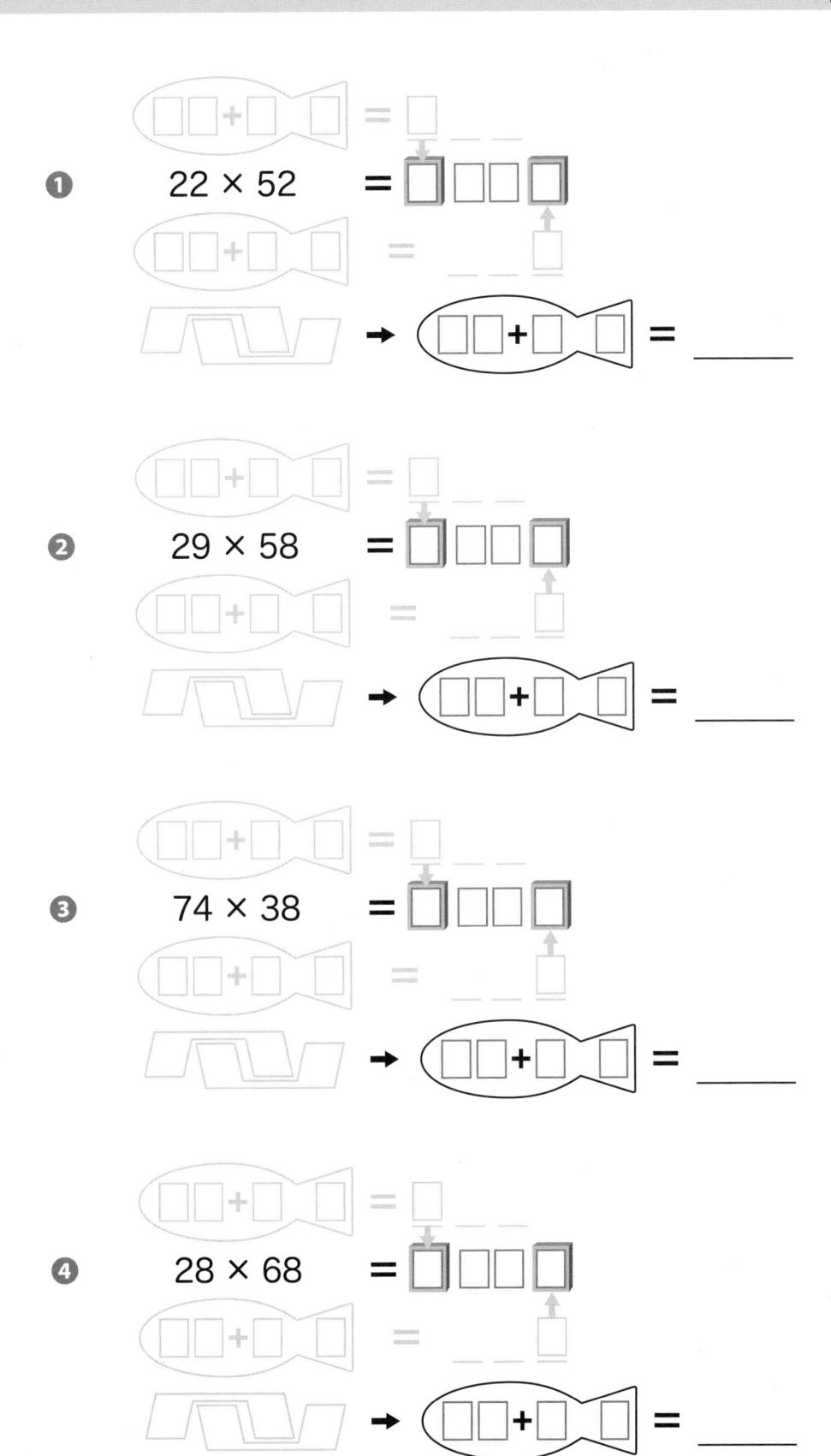

① 22 × 52

② 29 × 58

③ 74 × 38

④ 28 × 68

3 ファイナル

混合問題
⇒ p86〜87

❶ 53 × 22

❷ 69 × 19

❸ 18 × 63

❹ 38 × 28

3 ファイナル　プレートは思いうかべるだけだよ！　③、④むずかしい問題
⇒ p88〜89

❶ 42 × 55

❷ 24 × 95

❸ 62 × 43

❹ 29 × 59

❸ ファイナル

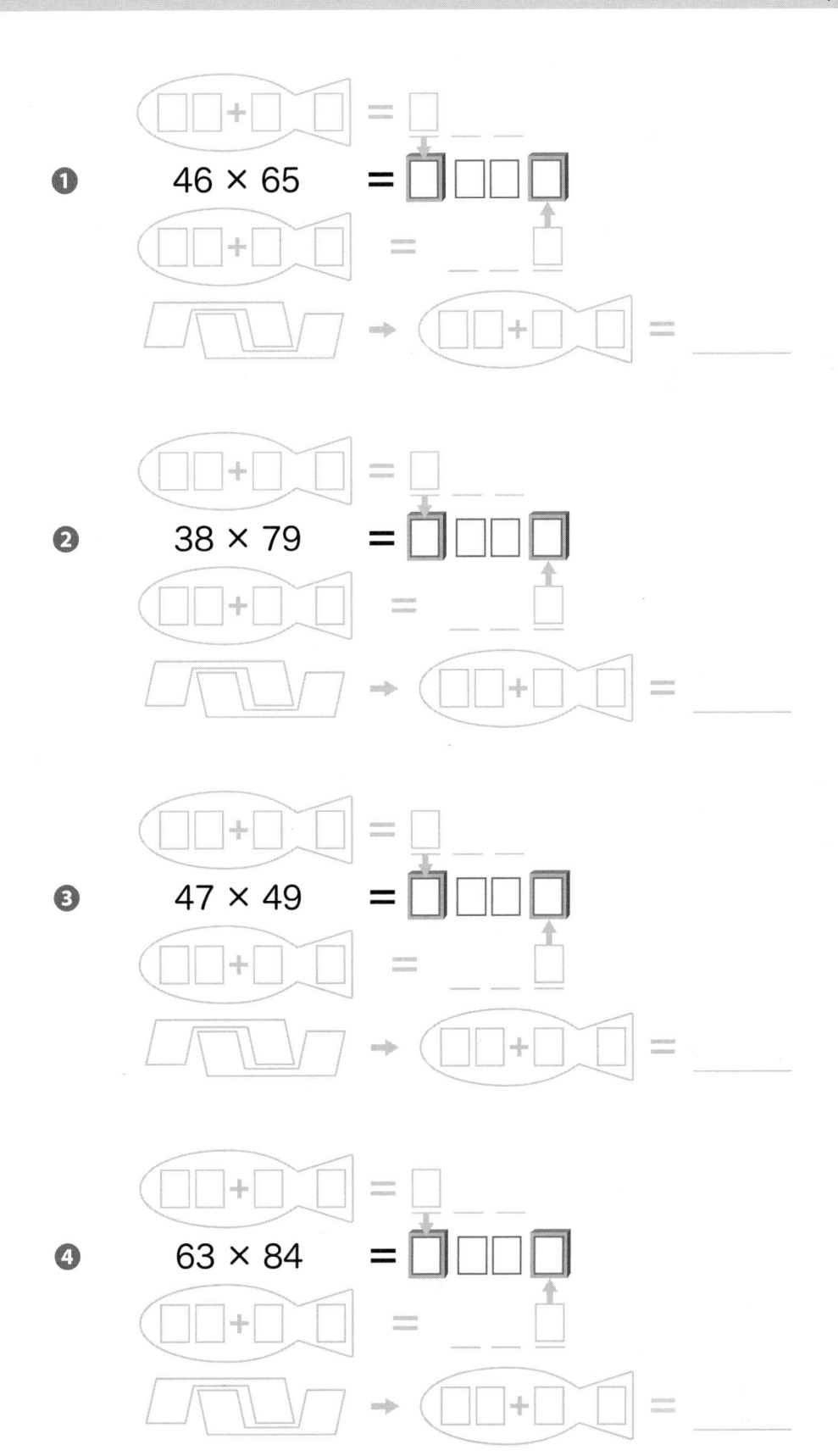

混合問題
⇒ p88〜89

❶ 46 × 65

❷ 38 × 79

❸ 47 × 49

❹ 63 × 84

3 ファイナル

上のおさかなプレートが なくなったよ！

③、④ むずかしい問題
⇨ p90〜91

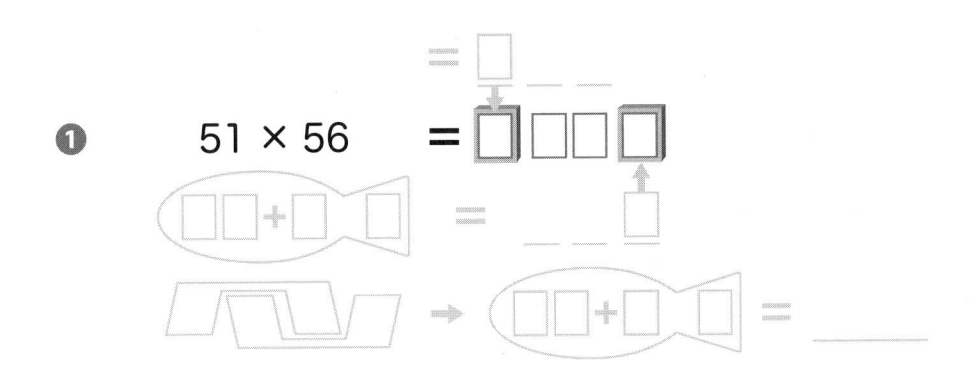

❶ 51 × 56

❷ 25 × 91

❸ 49 × 22

❹ 58 × 19

3 ファイナル

混合問題
⇨ p90〜91

❶ 27 × 88

❷ 35 × 29

❸ 94 × 29

❹ 93 × 25

3 ファイナル

答えもなくなったよ！

③、④ むずかしい問題 ⇒ p92〜93

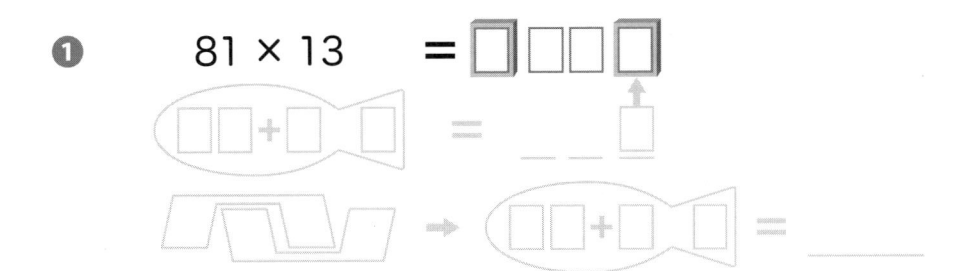

❶ 81 × 13 =

❷ 37 × 32 =

❸ 94 × 15 =

❹ 76 × 37 =

3 ファイナル

混合問題
⇨ p92〜93

❶ 75 × 39 = □□□

❷ 58 × 19 = □□□

❸ 22 × 12 = □□□

❹ 64 × 28 = □□□

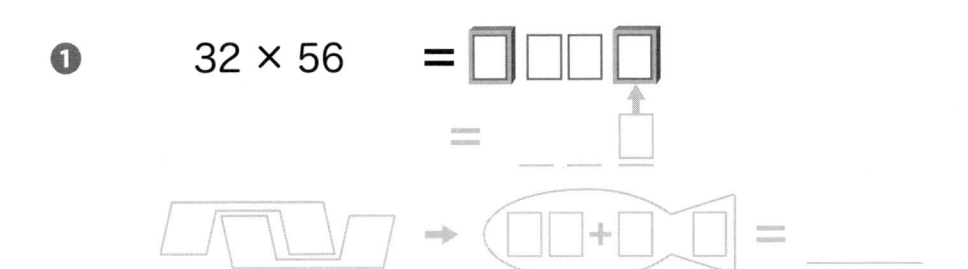

3 ファイナル

③、④ むずかしい問題
⇒ p94〜95

❶ 32 × 56

❷ 29 × 72

❸ 67 × 27

❹ 73 × 37

3 ファイナル

混合問題
⇨ p94〜95

❶ 89 × 18 = □□□□

❷ 55 × 81 = □□□□

❸ 28 × 45 = □□□□

❹ 31 × 97 = □□□□

67

3 ファイナル

③、④ むずかしい問題
⇒ p96〜97

❶ 62 × 35 = □□□□

❷ 98 × 88 = □□□□

❸ 34 × 23 = □□□□

❹ 68 × 18 = □□□□

③ ファイナル

混合問題
⇨ p96〜97

❶ 47 × 72 = □□□□

❷ 45 × 52 = □□□□

❸ 89 × 96 = □□□□

❹ 38 × 63 = □□□□

3 ファイナル なくなったよ！

やさしい問題
⇒ p98〜101

❶ 74 × 32 = □□□□

→ (□□ + □□) = _____

❷ 39 × 81 = □□□□

→ (□□ + □□) = _____

❸ 67 × 72 = □□□□

→ (□□ + □□) = _____

❹ 46 × 38 = □□□□

→ (□□ + □□) = _____

3 ファイナル

むずかしい問題
⇨ p98〜101

❶ 62 × 43 = □□□□

→ (□□ + □□) = _____

❷ 23 × 47 = □□□□

→ (□□ + □□) = _____

❸ 28 × 68 = □□□□

→ (□□ + □□) = _____

❹ 78 × 45 = □□□□

→ (□□ + □□) = _____

3 ファイナル

混合問題
⇨ p98〜101

❶ 59 × 39 = □□□□

→ (□□ + □□) = ____

❷ 67 × 88 = □□□□

→ (□□ + □□) = ____

❸ 77 × 35 = □□□□

→ (□□ + □□) = ____

❹ 43 × 98 = □□□□

→ (□□ + □□) = ____

③ ファイナル

混合問題
⇨ p98〜101

❶ 29 × 32 = □□□□

→ (□□ + □ □) = _____

❷ 39 × 64 = □□□□

→ (□□ + □ □) = _____

❸ 89 × 96 = □□□□

→ (□□ + □ □) = _____

❹ 51 × 34 = □□□□

→ (□□ + □ □) = _____

3 ファイナル　ゴースト暗算にチャレンジ！

③、④ むずかしい問題
⇨ p102〜103

❶　51 × 58　= □□□□

❷　37 × 94　= □□□□

❸　41 × 69　= □□□□

❹　27 × 79　= □□□□

3 ファイナル

混合問題
⇨ p102〜103

❶　48 × 69　= □□□□

❷　49 × 78　= □□□□

❸　64 × 48　= □□□□

❹　29 × 75　= □□□□

4 最終テスト 岩波暗算検定

制限時間 15分
⇨ p124〜125

① 72 × 79 =
② 59 × 98 =
③ 87 × 62 =
④ 67 × 65 =
⑤ 37 × 86 =
⑥ 67 × 44 =
⑦ 99 × 15 =
⑧ 26 × 17 =
⑨ 93 × 26 =
⑩ 51 × 65 =
⑪ 73 × 44 =
⑫ 99 × 92 =
⑬ 97 × 63 =
⑭ 48 × 78 =
⑮ 77 × 45 =

⑯ 88 × 89 =
⑰ 69 × 69 =
⑱ 88 × 63 =
⑲ 48 × 75 =
⑳ 78 × 27 =
㉑ 59 × 17 =
㉒ 77 × 17 =
㉓ 89 × 26 =
㉔ 37 × 79 =
㉕ 79 × 27 =
㉖ 69 × 16 =
㉗ 82 × 44 =
㉘ 22 × 87 =
㉙ 35 × 51 =
㉚ 31 × 51 =

点/30　かかった時間　分　秒　10〜14点 5級レベル　15〜23点 4級レベル　24点〜 3級レベル

76

4 最終テスト 岩波暗算検定

制限時間 15 分
⇨ p124〜125

① 84 × 87 =
② 21 × 13 =
③ 15 × 65 =
④ 37 × 37 =
⑤ 13 × 91 =
⑥ 37 × 44 =
⑦ 66 × 58 =
⑧ 85 × 79 =
⑨ 83 × 55 =
⑩ 31 × 32 =
⑪ 47 × 24 =
⑫ 73 × 19 =
⑬ 32 × 71 =
⑭ 27 × 91 =
⑮ 18 × 62 =

⑯ 65 × 85 =
⑰ 59 × 96 =
⑱ 27 × 61 =
⑲ 69 × 47 =
⑳ 89 × 23 =
㉑ 98 × 87 =
㉒ 25 × 22 =
㉓ 38 × 94 =
㉔ 38 × 91 =
㉕ 28 × 28 =
㉖ 88 × 38 =
㉗ 92 × 67 =
㉘ 94 × 21 =
㉙ 48 × 67 =
㉚ 89 × 27 =

点/30　かかった時間 分 秒　10〜14点 5級レベル　15〜23点 4級レベル　24点〜 3級レベル

4 最終テスト 岩波暗算検定

制限時間 15分
⇨ p124〜125

① 38 × 52 =
② 83 × 14 =
③ 82 × 22 =
④ 89 × 46 =
⑤ 47 × 86 =
⑥ 17 × 18 =
⑦ 69 × 62 =
⑧ 79 × 96 =
⑨ 77 × 44 =
⑩ 19 × 89 =
⑪ 36 × 34 =
⑫ 26 × 15 =
⑬ 84 × 84 =
⑭ 93 × 52 =
⑮ 85 × 16 =

⑯ 59 × 35 =
⑰ 98 × 76 =
⑱ 67 × 78 =
⑲ 49 × 27 =
⑳ 11 × 24 =
㉑ 75 × 55 =
㉒ 69 × 81 =
㉓ 89 × 81 =
㉔ 41 × 48 =
㉕ 71 × 64 =
㉖ 63 × 44 =
㉗ 36 × 49 =
㉘ 49 × 13 =
㉙ 26 × 88 =
㉚ 59 × 39 =

点/30　かかった時間　分　秒　　10〜14点 5級　　15〜23点 4級　　24点〜 3級

答え

❶ サンドイッチプレート

p2
❶なし（0なのでなにも書かない）、0
❷4、8　❸5、6　❹7、8
❺なし（0なのでなにも書かない）、2
❻4、4　❼7、5
❽なし（0なのでなにも書かない）、3

p3
❶4、7　❷3、5　❸1、4
❹なし（0なのでなにも書かない）、7
❺1、9　❻5、3　❼2、2　❽3、5

p4
❶1、0　❷1、2
❸なし（0なのでなにも書かない）、4
❹6、8　❺4、4　❻2、9
❼3、8　❽1、0

p5
❶1、4　❷4、5　❸2、5
❹なし（0なのでなにも書かない）、6
❺1、0　❻3、4
❼なし（0なのでなにも書かない）、4
❽6、2

p6
❶3、2　❷2、6　❸2、4
❹3、4　❺1、7
❻なし（0なのでなにも書かない）、8
❼4、4
❽なし（0なのでなにも書かない）、4

p7
❶2、4　❷7、8　❸6、4　❹2、1
❺6、2　❻1、4　❼4、4　❽5、2

p8
❶1、5　❷3、9　❸4、9
❹1、6　❺5、5　❻3、4
❼なし（0なのでなにも書かない）、8
❽なし（0なのでなにも書かない）、9

p9
❶2、8　❷4、9　❸5、4
❹1、0　❺1、0　❻4、8
❼なし（0なのでなにも書かない）、5
❽なし（0なのでなにも書かない）、4

p10
❶4、0　❷1、4　❸4、4
❹1、8　❺4、2
❻なし（0なのでなにも書かない）、2
❼1、6　❽4、4

p11
❶1、8　❷2、6
❸なし（0なのでなにも書かない）、2
❹なし（0なのでなにも書かない）、0
❺1、2　❻6、8　❼5、4　❽2、3

p12
❶5、4　❷6、2　❸1、3　❹1、5
❺1、5　❻2、0　❼2、6　❽2、9

p13
❶1、7　❷5、4　❸1、5　❹2、8
❺2、6　❻1、5　❼1、2　❽3、8

p14
❶1、5　❷2、4　❸3、6
❹なし（0なのでなにも書かない）、7
❺1、8　❻1、5　❼5、4　❽1、8

p15
❶1、5　❷2、6　❸2、6　❹3、7
❺2、4　❻1、1　❼2、8　❽1、2

p16
❶1、6　❷1、4　❸1、8　❹3、8
❺2、5　❻1、4　❼5、0　❽2、2

p17
❶3、6
❷なし（0なのでなにも書かない）、3
❸3、0　❹4、1　❺1、8
❻なし（0なのでなにも書かない）、5
❼1、3　❽5、5

p18
❶1、7
❷なし（0なのでなにも書かない）、8
❸3、5　❹1、0　❺1、6
❻1、7　❼1、2　❽2、2

p19
❶1、1　❷4、5　❸6、9
❹1、6　❺1、8
❻なし（0なのでなにも書かない）、5
❼2、0　❽4、2

p20
❶1、8　❷1、4　❸1、7　❹2、2
❺2、0　❻1、3　❼1、5　❽1、6

p21
❶1、2　❷3、3
❸なし（0なのでなにも書かない）、6
❹なし（0なのでなにも書かない）、4
❺2、8　❻2、1
❼1、6　❽2、2

❷ スペースシャトルプレート

p23
❶56　❷46　❸65
❹144　❺119　❻128

p24
❶35　❷40　❸60
❹120　❺111　❻121

p25
❶14　❷102　❸94
❹36　❺29　❻130

p26
❶33　❷119　❸130
❹64　❺51　❻63

p27
❶117　❷9　❸110
❹117　❺120　❻112

p28
❶120　❷73　❸33
❹127　❺108　❻26

p31
❶66　❷35　❸26
❹117　❺126　❻108

p32
❶71　❷45　❸30
❹112　❺111　❻110

p33
❶137　❷36　❸108
❹38　❺30　❻110

p34
❶117　❷20　❸110
❹39　❺128　❻109

p35
❶32　❷35　❸110
❹13　❺112　❻112

p36
❶120　❷78　❸108
❹73　❺100　❻84

p37
❶18　❷85　❸128
❹73　❺110　❻112

p38
❶47　❷112　❸50
❹126　❺43　❻36

p39
❶112　❷107　❸51
❹144　❺58　❻112

答え

p40
❶ 95 ❷ 37 ❸ 73
❹ 108 ❺ 145 ❻ 114

p41
❶ 35 ❷ 72 ❸ 53
❹ 120 ❺ 111 ❻ 111

p42
❶ 107 ❷ 112 ❸ 111
❹ 123 ❺ 108 ❻ 102

p43
❶ 46 ❷ 85 ❸ 54
❹ 113 ❺ 109 ❻ 117

p44
❶ 88 ❷ 121 ❸ 10
❹ 113 ❺ 59 ❻ 26

p45
❶ 18 ❷ 65 ❸ 120
❹ 29 ❺ 93 ❻ 62

p46
❶ 27 ❷ 112 ❸ 103
❹ 36 ❺ 60 ❻ 120

p47
❶ 121 ❷ 20 ❸ 29
❹ 60 ❺ 104 ❻ 105

p48
❶ 121 ❷ 144 ❸ 112
❹ 7 ❺ 27 ❻ 42

❸ ファイナル

p50
❶ 1204 ❷ 2494
❸ 1066 ❹ 1258

p51
❶ 1517 ❷ 646
❸ 1014 ❹ 1813

p52
❶ 1575 ❷ 5766
❸ 3686 ❹ 4366

p53
❶ 1548 ❷ 2622
❸ 3713 ❹ 2412

p54
❶ 1870 ❷ 1786
❸ 1914 ❹ 2106

p55
❶ 3888 ❷ 1404
❸ 3792 ❹ 5208

p56
❶ 3570 ❷ 3268
❸ 1440 ❹ 2001

p57
❶ 2368 ❷ 2403
❸ 1020 ❹ 2368

p58
❶ 1144 ❷ 1682
❸ 2812 ❹ 1904

p59
❶ 1166 ❷ 1311
❸ 1134 ❹ 1064

p60
❶ 2310 ❷ 2280
❸ 2666 ❹ 1711

p61
❶ 2990 ❷ 3002
❸ 2303 ❹ 5292

p62
❶ 2856 ❷ 2275
❸ 1078 ❹ 1102

p63
❶ 2376 ❷ 1015
❸ 2726 ❹ 2325

p64
❶ 1053 ❷ 1184
❸ 1410 ❹ 2812

p65
❶ 2925 ❷ 1102
❸ 264 ❹ 1792

p66
❶ 1792 ❷ 2088
❸ 1809 ❹ 2701

p67
❶ 1602 ❷ 4455
❸ 1260 ❹ 3007

p68
❶ 2170 ❷ 8624
❸ 782 ❹ 1224

p69
❶ 3384 ❷ 2340
❸ 8544 ❹ 2394

p70
❶ 2368 ❷ 3159
❸ 4824 ❹ 1748

p71
❶ 2666 ❷ 1081
❸ 1904 ❹ 3510

p72
❶ 2301 ❷ 5896
❸ 2695 ❹ 4214

p73
❶ 928 ❷ 2496
❸ 8544 ❹ 1734

p74
❶ 2958 ❷ 3478
❸ 2829 ❹ 2133

p75
❶ 3312 ❷ 3822
❸ 3072 ❹ 2175

❹ 最終テスト

p76
❶ 5688 ❷ 5782 ❸ 5394
❹ 4355 ❺ 3182 ❻ 2948
❼ 1485 ❽ 442 ❾ 2418
❿ 3315 ⓫ 3212 ⓬ 9108
⓭ 6111 ⓮ 3744 ⓯ 3465
⓰ 7832 ⓱ 4761 ⓲ 5544
⓳ 3600 ⓴ 2106 ㉑ 1003
㉒ 1309 ㉓ 2314 ㉔ 2923
㉕ 2133 ㉖ 1104 ㉗ 3608
㉘ 1914 ㉙ 1785 ㉚ 1581

p77
❶ 7308 ❷ 273 ❸ 975
❹ 1369 ❺ 1183 ❻ 1628
❼ 3828 ❽ 6715 ❾ 4565
❿ 992 ⓫ 1128 ⓬ 1387
⓭ 2272 ⓮ 2457 ⓯ 1116
⓰ 5525 ⓱ 5664 ⓲ 1647
⓳ 3243 ⓴ 2047 ㉑ 8526
㉒ 550 ㉓ 3572 ㉔ 3458
㉕ 784 ㉖ 3344 ㉗ 6164
㉘ 1974 ㉙ 3216 ㉚ 2403

p78
❶ 1976 ❷ 1162 ❸ 1804
❹ 4094 ❺ 4042 ❻ 306
❼ 4278 ❽ 7584 ❾ 3388
❿ 1691 ⓫ 1224 ⓬ 390
⓭ 7056 ⓮ 4836 ⓯ 1360
⓰ 2065 ⓱ 7448 ⓲ 5226
⓳ 1323 ⓴ 264 ㉑ 4125
㉒ 5589 ㉓ 7209 ㉔ 1968
㉕ 4544 ㉖ 2772 ㉗ 1764
㉘ 637 ㉙ 2288 ㉚ 2301